Rutuja Dandegaonkar
Jayashree S. Awti

Problema de estacionamento ao nível do Instituto

Rutuja Dandegaonkar
Jayashree S. Awti

Problema de estacionamento ao nível do Instituto

ScienciaScripts

Imprint
Any brand names and product names mentioned in this book are subject to trademark, brand or patent protection and are trademarks or registered trademarks of their respective holders. The use of brand names, product names, common names, trade names, product descriptions etc. even without a particular marking in this work is in no way to be construed to mean that such names may be regarded as unrestricted in respect of trademark and brand protection legislation and could thus be used by anyone.

Cover image: www.ingimage.com

This book is a translation from the original published under ISBN 978-3-659-63707-0.

Publisher:
Sciencia Scripts
is a trademark of
Dodo Books Indian Ocean Ltd. and OmniScriptum S.R.L publishing group

120 High Road, East Finchley, London, N2 9ED, United Kingdom
Str. Armeneasca 28/1, office 1, Chisinau MD-2012, Republic of Moldova, Europe
Printed at: see last page
ISBN: 978-620-7-63636-5

RESUMO

A ÍNDIA é um país em desenvolvimento e a sua população equivale a 17,86% da população mundial total. Como a população continua a aumentar e as famílias estão a tornar-se nucleares, cada pessoa da família precisa de um veículo. A quantidade de veículos privados está a aumentar tremendamente devido à insuficiência de transportes públicos, o que leva a um problema crescente de estacionamento. É necessário utilizar eficazmente o espaço disponível para reduzir os problemas de estacionamento. Há problemas de estacionamento nos institutos de ensino devido à indisponibilidade de espaço e a uma gestão incorrecta do estacionamento.

RECONHECIMENTO

É com grande prazer que publico este livro e é com satisfação que exprimo os meus agradecimentos especiais à Dra. J. S. Aawati pela sua excelente e atempada orientação e sugestões construtivas durante a preparação do livro. Este livro não seria bem sucedido sem o seu encorajamento até à publicação. Agradeço muito a sua orientação e ajuda atempada, que tornaram este livro uma realidade.

Expresso um profundo sentimento de gratidão aos membros do pessoal e aos assistentes da biblioteca pela sua cooperação. Por último, expresso os meus sinceros agradecimentos a todos aqueles que, direta ou indiretamente, me ajudaram.

ÍNDICE

CAPÍTULO 1

1.1 INTRODUÇÃO

O novo problema que a Índia enfrenta atualmente é o espaço insuficiente para o estacionamento. Devido à grande população da Índia, os meios de transporte disponíveis não são suficientes, pelo que o número de pessoas que utilizam veículos privados é elevado. As famílias estão a ficar mais pequenas, mas os veículos excedem o número de chefes de família. Consequentemente, a área de estacionamento não está disponível para satisfazer as necessidades de espaço, pelo que a maior parte das estradas na Índia está ocupada por veículos. Em média, 40% das estradas são ocupadas por veículos estacionados nos dias úteis. O número de pessoas que utilizam veículos de duas rodas é superior ao dos veículos de quatro rodas. Delhi, a capital da Índia, é considerada a pior cidade em termos de disponibilidade de estacionamento.

O estacionamento de automóveis tornou-se um dos problemas mais difíceis com que nos deparamos quase todos os dias. Para além do problema do espaço para os carros em movimento na estrada, o problema do espaço para os veículos estacionados é ainda maior. A maior parte dos veículos particulares permanece estacionada durante muito tempo. Este problema ocorre devido ao facto de o estacionamento ser gratuito em várias zonas de estacionamento. A maioria das pessoas não tem em conta o tempo limite, o que causa mais problemas na disponibilidade de estacionamento.

Os problemas de estacionamento dependem dos feriados e dos dias úteis. Algumas zonas onde se situam institutos e empresas estão cheias de gente durante a semana, enquanto aos fins-de-semana os problemas de estacionamento ocorrem nas zonas comerciais, institutos e teatros. Os problemas de estacionamento ocorrem nos institutos porque os estudantes não respeitam as regras e os regulamentos de estacionamento.

1.1.1 Identificação do problema-

Para efetuar a identificação do problema, o mentor dividiu todos os alunos em dois grupos. Os membros do grupo utilizaram o método de brainstorming para identificar o problema.

Os problemas estão divididos em dois grupos: problemas gerais e problemas a nível do instituto. Os membros do grupo discutiram os problemas que se colocam na zona envolvente da seguinte forma,

1) Problemas gerais-

    a) Qualidades e análises das estradas

    b) Acidentes rodoviários

    c) Gestão do tráfego

    d) Gestão de resíduos relacionados com a poluição

    e) Gestão de resíduos industriais

    f) Gestão de autocarros

    g) Ação social para invisuais

    h) Preservação de órgãos

    i) Consciência das doações de partes do corpo

    j) Sensibilização das mulheres para a saúde

    k) Inquérito sobre a poluição sonora nos festivais

    l) Análise do tráfego

2) Problemas a nível do Instituto

    a) Problema de estacionamento nos institutos

    b) Qualidades dos alimentos na messe

    c) Gestão da saída de livros da biblioteca

d) Gestão dos resíduos vegetais no instituto

e) Desperdício de eletricidade.

f) Gestão do tempo de recreio

g) Gestão de projectos académicos

h) Identificação de competências entre estudantes de pós-graduação

Todos estes problemas são depois apresentados e discutidos com o mentor. Após a discussão, o mentor atribui um problema a cada estudante. De entre todos estes tópicos, foram seleccionados cinco tópicos para cinco membros, a saber: a) gestão de resíduos de plantas b) identificação de competências entre estudantes de licenciatura c) análise do tráfego d) problemas de saúde nas mulheres e) problema de estacionamento nos institutos

Os resíduos vegetais são um problema importante a nível mundial. A área do instituto é muito grande e há muitos resíduos vegetais no instituto. A gestão dos resíduos vegetais deve ser efectuada a nível do instituto. Os resíduos vegetais podem ser decompostos através de vários métodos como a compostagem de vermi, o biogás e os biofertilizantes. Estes métodos são amigos do ambiente. São técnicas livres de poluição para eliminar os resíduos vegetais. Tendo em consideração todos estes pontos, este tópico foi finalizado para a investigação de um estudante.

A identificação de competências é muito importante para os estudantes de pós-graduação. As competências podem ser técnicas ou culturais. A confiança tem um grande impacto nas competências. A maior parte dos estudantes possui competências técnicas mas, devido à falta de confiança, não as utiliza. Na PG, os estudantes devem ser capazes de utilizar as suas competências para o desenvolvimento da personalidade. Tendo em conta a importância da identificação das competências, este tópico é finalizado para a investigação de um aluno.

Atualmente, um dos principais problemas que as pessoas enfrentam é o problema do tráfego. Em vez de utilizarem os transportes públicos, as pessoas preferem utilizar veículos privados.

Os transportes públicos não são eficazes e suficientes para as pessoas. Devido ao aumento do aquecimento global, as pessoas preferem viajar de carro em vez de utilizar os transportes públicos. O número de veículos excede o número de pessoas na família, causando problemas de tráfego na estrada. O aumento do tráfego resulta em poluição, acidentes e depressão. Tendo estes pontos em consideração, este tópico foi finalizado para a investigação de um estudante.

As mulheres de hoje são mais capazes, independentes e livres em comparação com as da época anterior. Reivindicaram mais poder e potencial. Mas durante este percurso, as mulheres enfrentam muitos problemas de saúde. Como vivemos numa sociedade dominada pelos homens, a saúde das mulheres não é considerada ou negligenciada. Para pesquisar os problemas de saúde enfrentados pelas mulheres e sensibilizar a sociedade para a saúde das mulheres, este tópico foi finalizado para uma aluna.

Em vários institutos, o problema do estacionamento é uma questão importante. Devido a este problema, perde-se tempo desnecessariamente à procura de um lugar para estacionar os veículos e, em seguida, a retirar o veículo da área de estacionamento. O problema ocorre devido à falta de área de estacionamento, à disposição incorrecta do estacionamento ou ao não cumprimento das instruções dadas pelo vigilante, etc. Por conseguinte, este problema é finalizado para este trabalho.

Declaração do problema

"Problema de estacionamento no instituto"

1.2 Âmbito do inquérito

Neste estudo, são examinadas duas áreas de estacionamento do instituto. As observações são feitas tendo em conta diferentes factores como a área disponível para o estacionamento e a disposição do mesmo. São determinados muitos factores que causam um estacionamento inadequado. Os estudantes não cumprem as regras de estacionamento, não seguem as disposições relativas ao estacionamento. Isto provoca o desperdício do espaço atribuído ao estacionamento.

A utilização correcta do espaço de estacionamento pode ser feita se os alunos seguirem cuidadosamente as instruções e respeitarem as regras. O desperdício de espaço de estacionamento pode ser reduzido em grande medida.

1.3 Objectivos do inquérito

Os principais objectivos do presente inquérito são

1) Recolher os dados relativos ao estacionamento no instituto.
2) Recolher as causas do estacionamento incorreto
3) Recolher as sugestões e opiniões do pessoal e dos estudantes relacionadas com o estacionamento indevido.
4) Para saber se o instituto tomou alguma medida contra o estacionamento indevido.

CAPÍTULO 2

2.1 REVISÃO DA LITERATURA

Os investigadores debateram o problema do estacionamento de automóveis em várias zonas, que consome muito tempo. Os investigadores desenvolveram um sistema de reserva automatizado utilizando a tecnologia de forma a que o utilizador possa reservar a área de estacionamento utilizando serviços de mensagens curtas. O controlador Pic verificará a área disponível e o utilizador receberá a mensagem de confirmação da reserva e os detalhes da reserva, como a palavra-passe, a data, a hora e o parque de estacionamento, através de GSM. O lugar vago é detectado pelo sensor e o led verde indica o lugar vago, quando o veículo chega ao lugar de estacionamento desliga-se. Se o utilizador não chegar dentro de um determinado período de tempo, receberá uma mensagem de cancelamento. O tempo de duração de cada reserva é de 60 segundos. O limite de tempo é a grande desvantagem deste trabalho, pois pode ser difícil chegar dentro de 60 segundos devido ao tráfego. O microcontrolador pode tratar poucas reservas de cada vez, uma vez que foi concebido para uma área pequena. [1]

Os investigadores verificaram que os veículos estão a aumentar rapidamente, mas o espaço de estacionamento não pode ser aumentado a esse ritmo, pelo que se verifica um congestionamento do tráfego. O investigador apresenta uma solução de sistema de estacionamento baseada em FPGA. Neste projeto, são utilizados dois módulos FSM. Quando o utilizador chega à zona de estacionamento, o módulo de identificação do utilizador é gerado, caso contrário, será gerado um novo cartão de estacionamento. O módulo de verificação de vagas verificará as vagas vazias e a disponibilidade será mostrada no ecrã LCD. Se houver lugar disponível, o motor de passo roda no sentido dos ponteiros do relógio e o portão abre-se. Para a entrada do veículo, o utilizador pode estacionar o veículo de acordo com a informação disponível. A transformação dos dados é efectuada através do módulo RF. [2]

Os investigadores observaram que o congestionamento do tráfego aumenta quando os utilizadores utilizam a estratégia de procura cega. Atualmente, o sistema de estacionamento inteligente adopta a partilha de informações de estacionamento e o sistema PIS com amortecedor. No PIS, vários carros podem perseguir um único lugar e no PIS com buffer não é possível determinar o número de lugares com buffer. Para ultrapassar estes inconvenientes, os investigadores propuseram um sistema que inclui zonas de estacionamento, utilizadores e um sistema de base de dados. Quando os utilizadores recebem informações sobre o estacionamento, podem reservar uma zona de estacionamento através de uma aplicação móvel com a sua conta de utilizador. O utilizador recebe um código QR quando a reserva é bem sucedida. O utilizador recebe um intervalo de tempo específico para chegar à zona de estacionamento, podendo adiar o intervalo de tempo se não conseguir chegar dentro de um determinado período de tempo. Quando o utilizador chega à respectiva zona de estacionamento, pode ele próprio digitalizar o código QR e estacionar o veículo no espaço reservado. [3]

A maior parte dos parques de estacionamento são geridos manualmente, não existem sistemas específicos e não são eficientes. A procura de lugares de estacionamento vazios nas zonas de estacionamento dos aeroportos, centros comerciais e universidades é um grande problema. Para ultrapassar este problema, o investigador concebeu um sistema inteligente de gestão do estacionamento utilizando o processamento de imagens. A disponibilidade de lugares de estacionamento vazios é apresentada no ecrã LCD à entrada do parque de estacionamento. Este protótipo consiste num número de combinações possíveis em que os veículos podem ser estacionados. O lugar de estacionamento vazio é detectado através da contagem do veículo na imagem de entrada, a imagem de entrada é introduzida no sistema de entrada e é feita a extração da imagem. A rede neural é utilizada para a deteção de um padrão desconhecido, comparando os padrões armazenados anteriormente. O lugar de estacionamento é atribuído ao utilizador. É fornecida uma etiqueta RFID a cada utilizador, que é utilizada para o processo de pagamento dos utilizadores registados. [4]

Este artigo apresenta o sistema de estacionamento de automóveis com vários andares utilizando PLC. Neste documento, o investigador organizou o sistema de estacionamento de modo a que os veículos sejam estacionados com base na prioridade. O ecrã no rés do chão dá a informação sobre os carros em cada andar. Os sensores de infravermelhos estão presentes em cada lugar de estacionamento e detectam a presença do carro num determinado lugar. O elevador move-se com motores e estaciona o veículo na ranhura vazia, e o utilizador recebe a informação sobre a ranhura estacionada. Quando esta informação é dada ao elevador, este retira o veículo do respetivo lugar. [5]

Neste trabalho, os investigadores conceberam o sistema de estacionamento para 3 pisos. O controlador ATMEGA 16 é utilizado juntamente com o módulo transreceptor zigbee. Neste documento, é feita uma comparação entre o sistema de estacionamento antigo, em que é utilizado o microcontrolador 8085, e o novo sistema de estacionamento, em que é utilizado o ATMEGA 16. A tecnologia sem fios é utilizada para a deteção de carros e os CCTV são também utilizados para conhecer os parques de estacionamento vazios. No parque de estacionamento de vários andares, os veículos podem ser estacionados piso após piso, sendo necessário menos espaço. Este sistema só está disponível para os utilizadores registados, sendo-lhes atribuídos códigos de acesso específicos. Quando o utilizador entra no portão de segurança, recebe a informação sobre a disponibilidade de espaço. O elevador leva automaticamente o veículo para o respetivo lugar de estacionamento. [6]

O documento apresenta uma tecnologia simples para o estacionamento automático de automóveis. Neste trabalho é utilizada a placa aurdino UNO, que é um dispositivo amigável que pode ser facilmente ligado a outros dispositivos. Aqui são utilizados interruptores para saber a disponibilidade de um lugar de estacionamento. Se o interrutor for acionado, a respectiva vaga está a ser utilizada. Se houver um lugar vazio no parque de estacionamento, só o portão se abrirá, caso contrário permanecerá fechado. Os servomotores são utilizados para abrir e fechar o portão. O ecrã também mostra o estado dos lugares de estacionamento. A verificação aleatória da disponibilidade do estacionamento é efectuada sempre que um novo carro entra no parque. [7]

CAPÍTULO 3

3.1 ESTACIONAMENTO

O aumento da população criou muitos problemas na Índia, um dos quais é o estacionamento, com o qual nos deparamos todos os dias. Devido ao crescimento da população, estacionar um veículo é um problema maior do que conduzi-lo, porque estacionar um veículo ocupa mais espaço do que conduzi-lo, uma vez que este fica parado numa determinada área de estacionamento.

Estacionar é o ato de projetar um veículo e de o deixar desocupado. É também conhecido como colocar o seu veículo em repouso e imóvel num determinado local. Parques de estacionamento - existem parques de estacionamento interiores e exteriores em todo o lado. Interior significa estacionamento em casa ou na cave do centro comercial, estacionamento de vários andares, etc. Estacionamento exterior é onde pode estacionar o seu veículo na berma da estrada.

Tipos de estacionamento

1) Estacionamento na rua:

Significa estacionar o seu veículo na rua, junto ao passeio das ruas, em vez de o estacionar numa garagem. Em algumas ruas, pode sempre estacionar o seu veículo na rua, mas por vezes existem restrições. Estas restrições são geralmente impostas pelos próprios organismos públicos. Estas restrições são apresentadas nos sinais de trânsito, por vezes só é permitido estacionar num dos lados da estrada, por vezes não é permitido estacionar o veículo de todo. Há também situações de estacionamento na rua em que é necessária uma autorização de estacionamento para estacionar.

2) Estacionamento na rua:

Significa estacionar o seu veículo em qualquer lugar, mas não na rua. Trata-se normalmente de parques de estacionamento como garagens, parques de estacionamento com manobrista e parques de estacionamento. O estacionamento fora da rua pode ser tanto interior como exterior. O estacionamento fora da rua também inclui parques de estacionamento privados, garagens e entradas de garagem. O estacionamento na rua e fora da rua pode ser efectuado de várias formas, a seguir indicadas.

a) Estacionamento em paralelo:

É a ação de estacionar um veículo paralelamente e perto da berma da estrada. O estacionamento paralelo requer, normalmente, que se conduza inicialmente um pouco para além do lugar de estacionamento, paralelamente ao veículo estacionado em frente a esse lugar, mantendo uma distância de segurança, e depois que se faça marcha-atrás para esse lugar.

Fig.3.1 Ilustração do estacionamento em paralelo

b) Estacionamento a 30 graus:

Neste caso, os veículos são estacionados num ângulo de 30 graus em relação ao trajeto da estrada, onde existe uma série de tangentes e curvas horizontais. Neste caso, podem ser estacionados mais veículos do que no estacionamento paralelo.

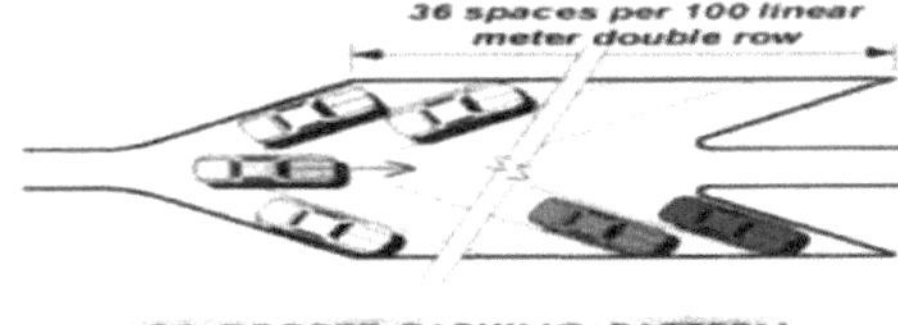

Fig. 3.2 Ilustração do estacionamento a 30 graus

c) Estacionamento a 45 graus:

Este tipo de estacionamento tem muito espaço para estacionar os veículos. O ângulo de estacionamento aumenta o número de veículos a estacionar. Em comparação com o estacionamento paralelo e o estacionamento a trinta graus, este tipo de estacionamento permite estacionar um maior número de veículos.

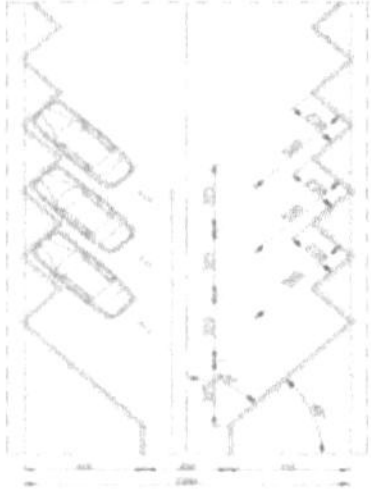

Fig. 3.3 Ilustração do estacionamento a 45 graus

    d) Estacionamento a 60 graus :

Os veículos são estacionados a 60 graus na direção da estrada. Este tipo de estacionamento permite acomodar um maior número de veículos.

Fig.3.4 Ilustração do estacionamento a 60 graus

    e) Estacionamento a 90 graus :

O estacionamento num ângulo de 90 graus, também designado por estacionamento perpendicular, é frequentemente utilizado em parques de estacionamento

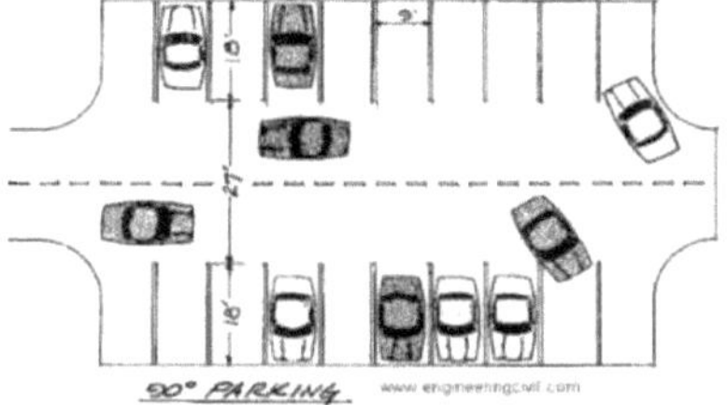

Fig.3.5 Ilustração do estacionamento a 90 graus

parques de estacionamento, centros comerciais e, por vezes, ao longo das bermas das ruas. Com um pouco de prática, estacionar num ângulo de 90 graus pode tornar-se uma tarefa fácil.

f) Estacionamento multi-nível:

Um parque de estacionamento com vários níveis é também designado por garagem, edifício de estacionamento ou parque de estacionamento coberto. Trata-se de um edifício concebido para o estacionamento de automóveis e no qual existem vários pisos ou níveis de estacionamento. Trata-se essencialmente de um parque de estacionamento empilhado.

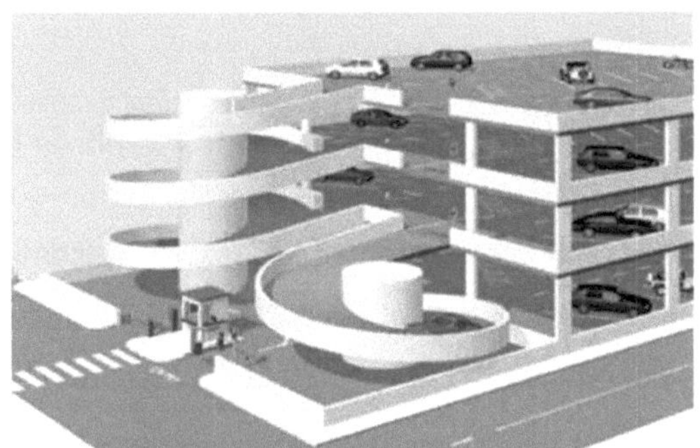

Fig. 3.6 Ilustração de um parque de estacionamento com vários níveis

3.2 Requisitos de estacionamento

Diferentes tipos de edifícios necessitam de diferentes sistemas de estacionamento. Uma área de terreno residencial com 330 m2 necessita apenas de estacionamento comunitário. Numa área de 500 a 1000 m2 , pelo menos um quarto da área deve ser destinado a estacionamento. Os sectores empresariais ou escritórios podem exigir um mínimo de um lugar por cada área de estacionamento até 70 m2 . Nos hotéis e restaurantes, um lugar de estacionamento é suficiente para uma família ou 10 lugares, enquanto as salas de cinema necessitam de um lugar de estacionamento para 20 lugares. Isto significa que zonas diferentes requerem sistemas de estacionamento diferentes com base nas necessidades.

3.3 Efeitos negativos do estacionamento

Existem alguns efeitos negativos do estacionamento incorreto, como o congestionamento, a poluição, os acidentes e a obstrução das operações governamentais, como o combate aos incêndios.

1) Congestionamento: A capacidade das estradas é consideravelmente reduzida devido ao estacionamento na rua. Este facto tem efeitos negativos para as pessoas que se deslocam a pé ou para os passageiros que viajam, causando atrasos. Há perdas económicas devido ao custo operacional do veículo.

2) Poluição: Durante o estacionamento, o veículo tem de ser levado para a frente e para trás muitas vezes, o que provoca a emissão de mais poluentes no ambiente e causa riscos ambientais. As zonas próximas dos hospitais e dos parques são as mais afectadas devido ao aumento da poluição.

3) Acidentes: O estacionamento e o desemparque descuidados dão origem a acidentes, designados por acidentes de estacionamento. A maioria dos acidentes é causada durante o processo de desestacionamento devido à condução descuidada do veículo para fora do parque de estacionamento ou devido a portas abertas.

4) Obstrução das operações governamentais: Devido ao estacionamento inadequado, muitas operações governamentais são prejudicadas, como o combate a incêndios, em que a carrinha tem de enfrentar problemas e pode causar atrasos fatais no local. Do mesmo modo, a perseguição de um criminoso também é afetada devido a um estacionamento inadequado.

3.4 Vantagens de um estacionamento adequado

1) Eficaz em termos de espaço - poupança de espaço superior a 70 por cento.

2) Libertar o espaço ao nível do rés do chão para uma melhor utilização comercial.

3) Custo total de propriedade reduzido.

4) Amigo do ambiente, uma vez que se evitam as rampas.

5) Maior rendimento e operações mais rápidas (capacidade para tratar 40 a 60 veículos por hora)

CAPÍTULO 4

4.1 METODOLOGIA

4.1.1 Seleção da área de estudo:

Para este inquérito, seleccionámos o nosso próprio instituto, o Rajarambapu Institute of Technology. Os dados foram recolhidos junto do pessoal e dos estudantes da UG e da PG.

4.1.2 Seleção da dimensão da amostra:

A dimensão da amostra é uma caraterística importante do estudo de investigação em que o objetivo é tirar conclusões a partir das amostras recolhidas pela população. Se a dimensão da amostra for maior, é possível ter mais certezas quanto à resposta que reflecte a dimensão da população. Existem várias fórmulas para calcular a dimensão da amostra. Trata-se de um processo moroso.

Ao selecionar a dimensão da amostra, é necessário ter em conta alguns factores. Esses factores são os seguintes

1) Intervalo de confiança

2) Nível de confiança

3) Percentagem

4) Dimensão da população

5) Intervalo de confiança:

Por outras palavras, o intervalo de confiança t é também conhecido como margem de erro. Em estatística, a margem de erro (ou seja, o intervalo de confiança) é um tipo específico de intervalo que constitui uma estimativa de um parâmetro populacional. Trata-se de um valor mais-menos que é normalmente indicado quando é necessário um grande número de opiniões. Por exemplo, se utilizar um intervalo de confiança de 5 a 50% da amostra escolhe uma resposta, pode ter "a certeza" de que, se fizesse a pergunta a toda a população, entre 45% e 55% teriam escolhido a resposta.

3) Nível de confiança:

O nível de confiança indica o grau de certeza que o utilizador tem sobre a sua decisão. É expresso em percentagem e representa a frequência com que uma resposta escolhida pela população se encontra dentro do intervalo de confiança.

O nível de confiança pode ser expresso em 90%, 95% e 99%.

Se escolher um nível de confiança de 90%, significa que tem 90% de certeza; se escolher um nível de confiança de 95%, significa que tem 95% de certeza; se escolher um nível de confiança de 99%, significa que tem 99% de certeza. Normalmente, os investigadores escolhem um nível de confiança de 95%.

3) Percentagem:

A exatidão do inquérito depende da percentagem da amostra que selecciona uma determinada resposta.

4) Dimensão da população:

O tamanho da população é o número de pessoas presentes no seu grupo que representa o tamanho da sua amostra.

Pode ser o número de pessoas presentes no instituto escolhido para o inquérito ou o número de pessoas presentes na pensão escolhida para a investigação. Mesmo que não se conheça a dimensão exacta da amostra, a probabilidade é utilizada para representar a população em geral.

Para este inquérito, a dimensão da amostra é calculada utilizando a calculadora da dimensão da amostra. Esta calculadora está disponível gratuitamente na Internet. Em primeiro lugar, calcula-se o intervalo de confiança assumindo o nível de confiança, a dimensão da população, a percentagem e a dimensão da amostra. Em seguida, a dimensão da amostra é calculada utilizando este intervalo de confiança. A dimensão da amostra calculada é 99, como mostra a figura.

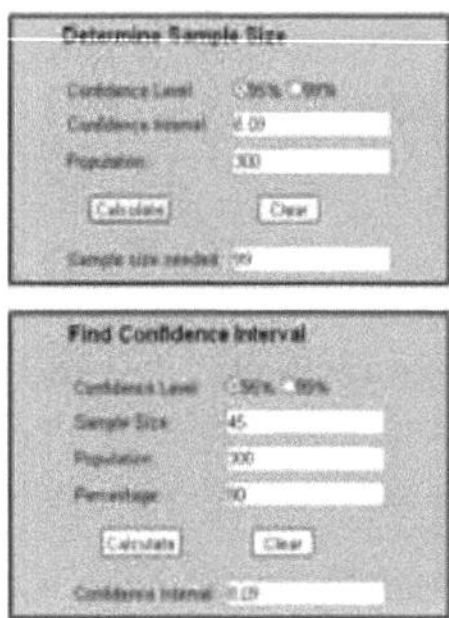

Fig. 4.1 Cálculo da dimensão da amostra

4.1.3Selecção   dos métodos de recolha de dados:

a) Dados primários:

Para recolher os dados primários, utilizámos o método do questionário. Aqui fizemos um inquérito ao instituto, em particular ao departamento. Participaram neste processo vários estudantes e funcionários. Foi realizado um inquérito a cerca de 100 pessoas.

Para o inquérito por questionário, foram preparadas cerca de 25 perguntas para este trabalho. As perguntas foram distribuídas entre o pessoal e os estudantes através de formulários impressos e do Google.

Encontrámo-nos pessoalmente com alguns dos estudantes, descrevemos-lhes o questionário e discutimos as suas dúvidas sobre várias questões. Alguns alunos não estavam contactáveis, pelo que as suas respostas foram recolhidas utilizando os formulários do Google. As respostas em linha foram recolhidas utilizando os formulários do Google. Estes formulários do Google foram distribuídos entre os estudantes através da aplicação androide "whatsapp" e "mail".

Ambas as abordagens foram conduzidas com êxito para a recolha de dados primários. Alguns alunos mostraram interesse ao preencher o questionário, enquanto outros negligenciaram totalmente e evitaram preencher o questionário. Nessa altura, foi necessário pressioná-los um pouco para preencherem o questionário. Muitos alunos gostaram do conceito de formulários do Google, pois era fácil, interessante e muito diferente.

b) Dados secundários:

Para a recolha dos dados secundários, foram considerados diferentes manuais escolares. Vários dados estavam disponíveis na Internet, ou seja, a Internet desempenhou um papel muito importante na recolha dos dados secundários. Foi efectuado um estudo de caso como referência.

4.1.4 Análise dos dados:

Procedemos à análise dos dados recolhidos junto do pessoal e dos alunos. Para esta análise, foram utilizados vários tipos de gráficos e tabelas.

4.1.5 Conclusão sobre a análise dos dados:

A partir dos dados recolhidos e dos dados analisados, chegamos a algumas conclusões.

4.1.6 Recomendação ou sugestão:

Tendo em conta todos os pontos, foi possível melhorar a situação e foram apresentadas algumas sugestões. A recomendação foi preparada de acordo com as mesmas.

4.2 HIPÓTESE

1) Os alunos têm conhecimento das regras de estacionamento

2) Os alunos seguem todas as regras e instruções dadas pelo vigilante.

3) O Instituto tem um plano de qualidade para reduzir o estacionamento indevido.

4) Os alunos estão conscientes das consequências de um estacionamento incorreto.

5) O Instituto tem algumas regras para aqueles que não seguem as regras.

CAPÍTULO 5

5.1 ANÁLISE DE DADOS

Neste inquérito, é utilizado o método do questionário, tal como acima referido. Por conseguinte, os dados são analisados com base nas perguntas que se seguem.

5.1.1 GRÁFICOS DE CADA PERGUNTA E RESPECTIVA ANÁLISE

Quadro 5.1 Profissão do inquirido

Total number of responses	Student	Staff
100	90	10

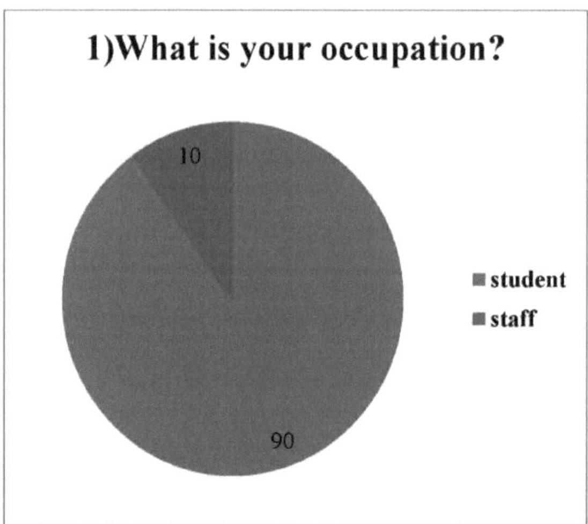

Gráfico 5.1 Profissão do inquirido

A partir do gráfico acima, verifica-se que, do total de respostas recolhidas, 90% são de estudantes e 10% são de funcionários.

Por conseguinte, pode concluir-se que, no caso de um sistema de estacionamento inadequado, a principal contribuição é dos estudantes.

Quadro 5.2 Estacionamento do veículo

Total number of responses	In favor	Against
75	70	5

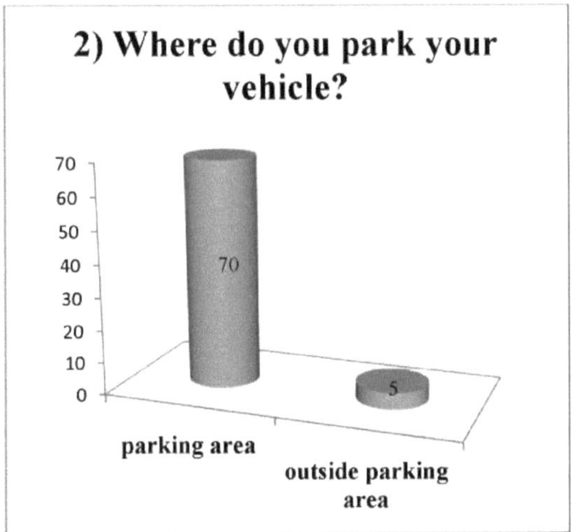

Gráfico 5.2 Estacionamento do veículo

A partir do gráfico acima, compreende-se que, do total de respostas, 70% das pessoas utilizam o parque de estacionamento e 5% utilizam o parque exterior para estacionar os seus veículos. Ou seja, a percentagem máxima de pessoas que utiliza o parque de estacionamento para estacionar os seus veículos.

Quadro 5.3 Estacionamento no instituto

Total number of responses	In favor	Against
100	60	40

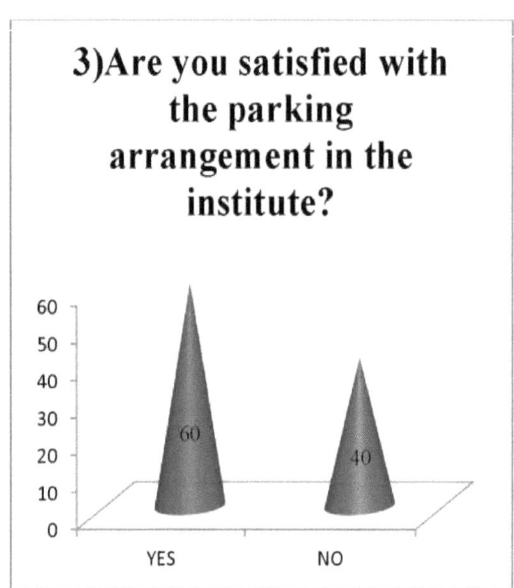

Gráfico 5.3 Estacionamento no instituto

O gráfico acima mostra que 60% das pessoas deram uma resposta a favor e 40% deram uma resposta contra.

Isto significa que, embora a maioria das pessoas esteja satisfeita com o atual estacionamento, há algumas pessoas que não estão satisfeitas. Por isso, estas respostas também devem ser tidas em consideração.

Quadro 5.4 Problema de estacionamento no instituto

Total number of responses	In favor	Against
100	30	70

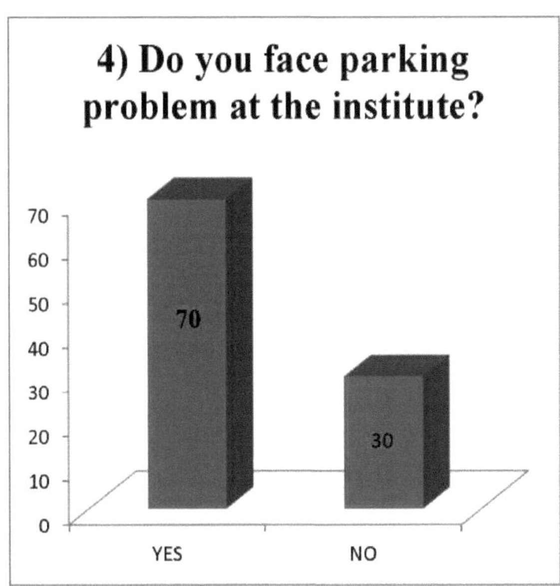

Gráfico 5.4 Problema de estacionamento no instituto

O gráfico acima explica que as pessoas que enfrentam problemas de estacionamento no instituto são em maior número, ou seja, 70% das pessoas enfrentam o problema e 30% das pessoas não têm qualquer problema com a disposição atual.

A partir da situação acima descrita, concluímos que é necessário reorganizar o sistema de estacionamento no instituto.

Tabela 5.5 Resposta sobre espaço suficiente para estacionamento

Total number of responses	In favor	Against
100	35	65

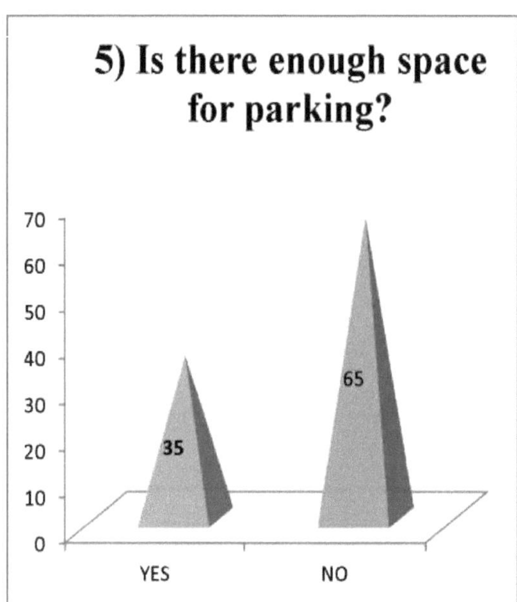

Gráfico 5.5 Resposta sobre espaço suficiente para estacionamento

35% dos estudantes estão satisfeitos com o atual estacionamento, enquanto 65% dos estudantes não estão satisfeitos com o atual sistema de estacionamento.

Pode concluir-se que o espaço de estacionamento deve ser alargado para maior comodidade dos estudantes.

Tabela 5.6 Resposta para diferentes faixas de estacionamento

Total number of responses	In favor	Against
100	80	20

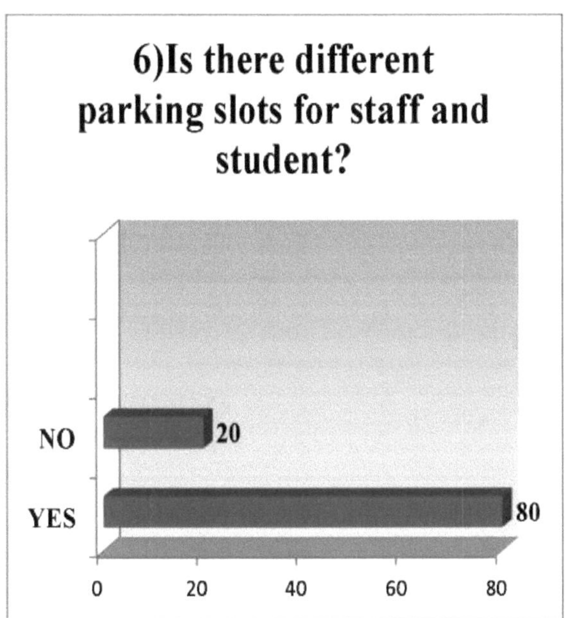

Gráfico 5.6 Resposta para diferentes faixas de estacionamento

80% dos estudantes afirmam que existe um lugar de estacionamento diferente para os funcionários e para os estudantes, enquanto 20% dos estudantes não concordam com esta afirmação.

Quadro 5.7 Espaço e utilização do parque de estacionamento

Statement	Total number of responses	In favor	Against
space	100	70	30
utilization	100	40	60

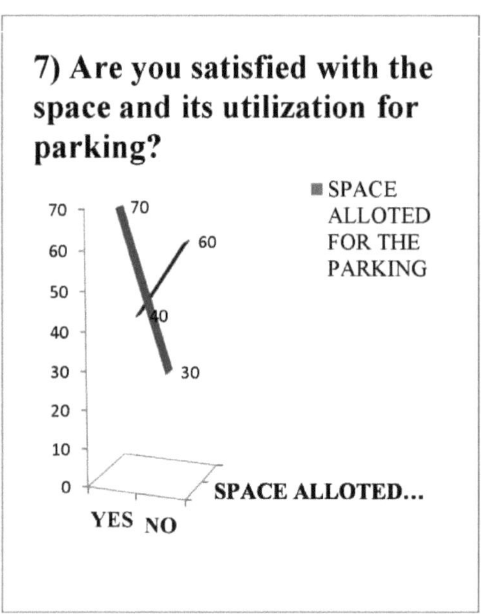

Gráfico 5.7 Espaço e utilização do parque de estacionamento

Estes dados são muito importantes para a análise do presente inquérito. 70% dos estudantes estão satisfeitos com o espaço atribuído para o estacionamento, 30% dos estudantes não estão satisfeitos com o espaço. A partir do gráfico acima, podemos concluir que o espaço atribuído pelo instituto para o estacionamento é suficiente, mas a sua utilização correcta não é feita.

Quadro 5.8 Causas dos problemas de estacionamento

Statement	Response
space	20
utilization	35
Improper parking	45

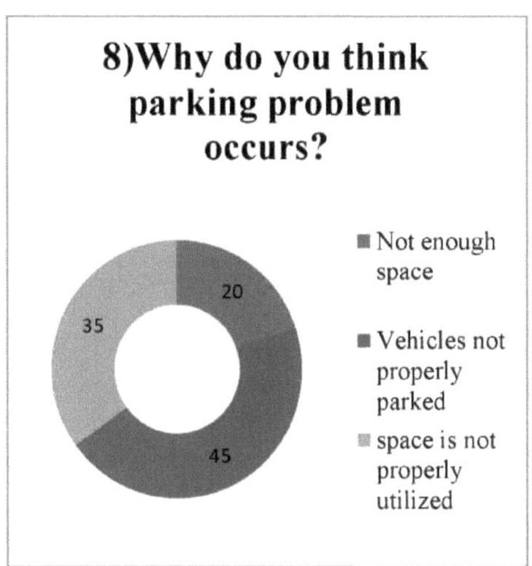

Gráfico 5.8 Causas dos problemas de estacionamento

A rosca acima mostra a dependência do problema de estacionamento em relação a diferentes factores. 20% das respostas referem que não há espaço suficiente, 35% referem que não há uma utilização correcta do espaço e 45% referem que os veículos não estão estacionados corretamente.

A partir dos dados acima referidos, concluímos que se os veículos forem estacionados corretamente, a maior parte dos problemas não ocorrerá. O espaço deve ser maximizado e o espaço dado deve ser utilizado corretamente.

Table 5.9 Respostas para a importância do vigilante e das instruções

Statement	Response	Yes	No
watchman	100	80	20
Instructions by watchman	100	75	25

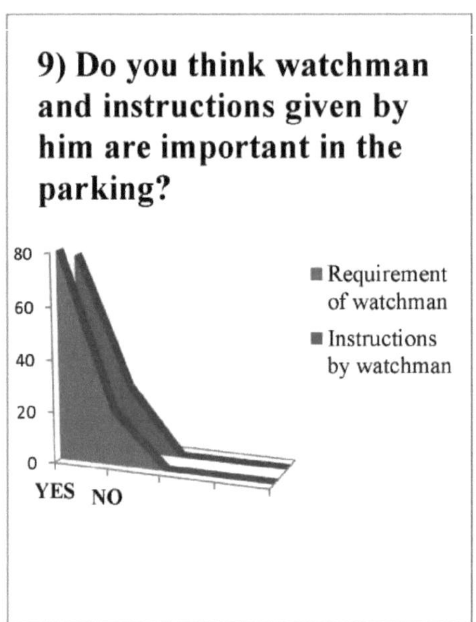

Gráfico 5.9 Respostas sobre a importância do vigilante e das instruções

O gráfico acima indica-nos a importância do vigia no parque de estacionamento e as instruções dadas pelo vigia também são importantes. 80% das respostas dizem-nos que o vigia é importante e 20% dizem-nos que não é importante. Na linha seguinte, 75% das pessoas dizem que as instruções dadas pelo vigia são importantes e 25% dizem que não são importantes.

Table 5.10 Respostas para o problema do tempo e da multidão no estacionamento

Statement	morning	afternoon	evening
Monday to Friday	35	20	45
Saturday-Sunday	20	20	20

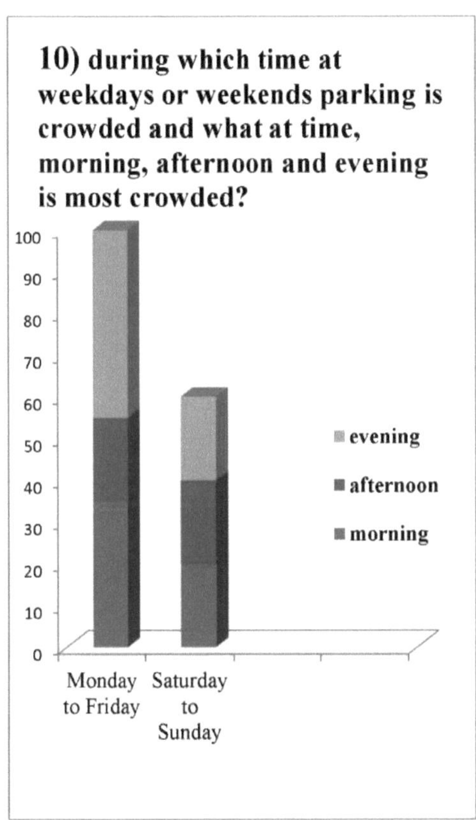

Gráfico 5.10 Respostas para o problema do tempo e da multidão no estacionamento

O gráfico acima indica-nos que, de segunda a sexta-feira, ou seja, durante os dias úteis, o problema de estacionamento ocorre principalmente e, durante os fins-de-semana, não ocorre. E durante os dias úteis, o problema de estacionamento ocorre de manhã e ao fim da tarde. Mas ao fim da tarde é mais frequente.

Quadro 5.11 respostas para o estacionamento no portão

Statement	Crowded parking
Gate no 1	30
Gate no 3	70

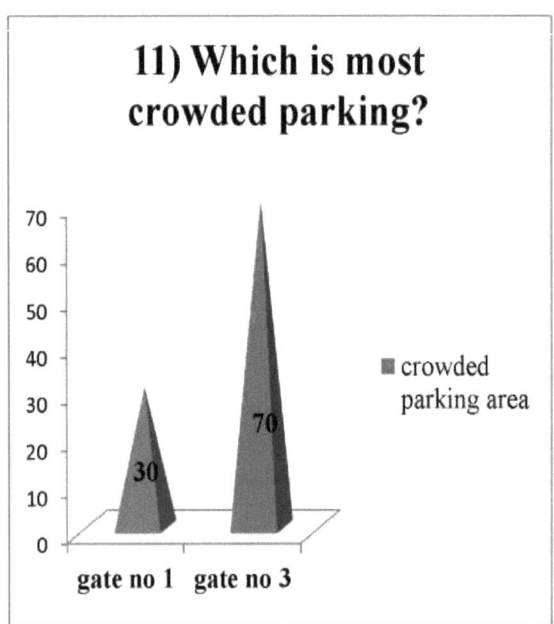

Gráfico 5.11 Respostas sobre o estacionamento no portão

No instituto há dois parques de estacionamento, no portão n.º 1 e no portão n.º 3. 70% dos alunos acham que o portão n.º 3 está cheio e 30% acham que o portão n.º 1 está cheio. 1 está cheio.

Por conseguinte, podemos concluir que o problema é maioritariamente enfrentado pelos estudantes que estacionam os seus veículos no portão n.º 3. É necessário tomar medidas para o resolver.

Quadro 5.12 Respostas para um grande espaço de estacionamento

Response	YES	NO
100	80	20

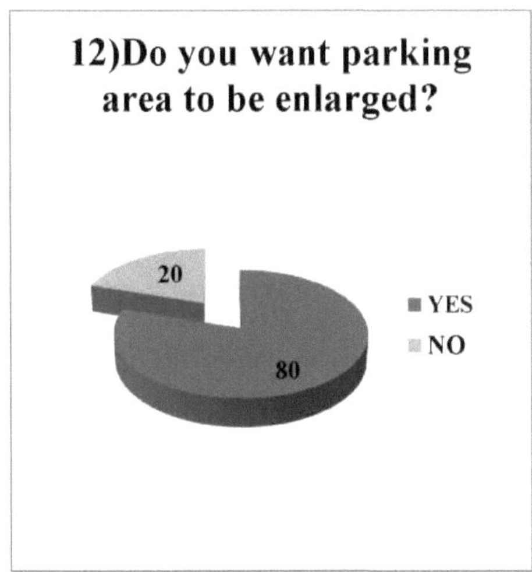

Quadro 5.12 Respostas para um grande espaço de estacionamento

O gráfico circular acima mostra que 80% dos estudantes querem que a área de estacionamento seja alargada e 20% não querem que a área de estacionamento seja alargada.

Podemos concluir que a área de estacionamento deve ser alargada no portão n.º 3, porque os estudantes enfrentam mais problemas no portão n.º 3.

CAPÍTULO 6

6.1 CONCLUSÕES

O Instituto deve ter em consideração o problema do estacionamento com que os estudantes se deparam. O Instituto deve organizar um programa de sensibilização dos estudantes para o problema do estacionamento. O programa deve ensinar os alunos a seguirem as regras e a importância de as seguirem no que diz respeito ao seu desenvolvimento pessoal, e os alunos devem ter cuidado ao estacionarem os seus veículos. O estacionamento no portão nº 3 é muito concorrido, pelo que os alunos devem ter cuidado ao estacionar nessa zona. Se um veículo não for estacionado corretamente, isso afectará o número de veículos estacionados nas proximidades. Os funcionários devem estacionar o seu veículo na zona que lhes foi atribuída. Os estudantes também devem estacionar o seu veículo na área que lhes foi atribuída. O Instituto deve alargar o espaço atribuído no portão n.º 3. A maior parte dos estudantes estaciona aí os seus veículos.

6.1.1 Imagens relacionadas com o estacionamento no portão n.º 3

Fig.a

Fig.b

Fig.c

6.   2SUGESTÕES

O instituto deve reorganizar o sistema de estacionamento existente no instituto. O instituto deve também realizar um programa de sensibilização para os estudantes relativamente ao estacionamento. O Instituto deve aplicar uma coima aos estudantes que não cumpram as regras de estacionamento.

Os alunos devem ouvir as instruções dadas pelo vigilante. Os alunos devem respeitar as regras. Todos devem verificar se estacionam corretamente o seu veículo.

O aluno deve compreender a importância da autodisciplina e apoiar o estacionamento correto.

CAPÍTULO 7

7.1 CONCLUSÃO

Pode concluir-se que, se o instituto proceder a uma reorganização eficaz do sistema de estacionamento, os problemas de estacionamento podem ser reduzidos em grande medida. Os estudantes devem compreender as causas dos problemas de estacionamento e efetuar as alterações necessárias. Assim, se o instituto e os estudantes trabalharem em conjunto para alterar o sistema de estacionamento e seguirem algumas regras, haverá um grande impacto na questão atual do estacionamento.

7.2 ÂMBITO DE APLICAÇÃO FUTURA

No futuro, se o instituto ultrapassar o problema de estacionamento enfrentado pelos estudantes e se for criado um sistema de estacionamento inteligente no instituto. Este trabalho pode ser publicado num jornal, numa revista ou num periódico. O instituto será um modelo a seguir por outros institutos que também estão a enfrentar o mesmo problema.

CAPÍTULO 8

REFRÊNCIAS

1) Ajay Anil, Divya K, R.Paul /'Automated Parking Lot "2016 [7]

2) B.Karunamoorthy, R.SureshKumar, N.JayaSudha, "Conceção e implementação de um sistema de gestão de estacionamento inteligente utilizando o processamento de imagens",2015 [4]

3) M.Patil, R. Sakore "Sistema de estacionamento inteligente baseado em reservas", 2014 [3]

4) R. Mithari , S. Vaze ,S. Sanamdikar, "SISTEMA AUTOMÁTICO DE ESTACIONAMENTO DE VEÍCULOS MULTISORCIADO "2014[5]

5) R. Kaur, B.Singh, "DESIGN E IMPLEMENTAÇÃO DE SISTEMA DE ESTACIONAMENTO DE CARROS EM FPGA "2013 [2]

6) M. Aggarwal, S. Aggarwal, R.S.Uppal,"Implementação comparativa do sistema de estacionamento automático de automóveis com espaço de estacionamento de menor distância em redes de sensores sem fios",2012[6]

7) H.Daud, M.H.B.Ozaman,   N.H.H.M.Hanif,   "ESTACIONAMENTO INTELIGENTE
SISTEMA DE RESERVAS UTILIZANDO SERVIÇOS DE MENSAGENS CURTAS[SMS]" [1]2012

8) www.google.com

BIBILOGRAFIAS

Questionário:

Tópico: Problemas de estacionamento a nível do instituto

Nome:

Inquérito nº:

Informações pessoais:

9) Qual é a sua profissão?

A) PessoalB   ) Estudante

10) Como é que se vai para a universidade?

A)De carro/bicicletaB   ) De bicicleta

C) a pé

11) Onde estaciona o seu veículo?

A) Zona de estacionamentoB   ) Zona   de estacionamento
exterior

Pergunta de tipo Sim ou Não

4) O estacionamento é pago?

A) SimB   ) Não

5) Está satisfeito com a gestão do estacionamento no colégio?

A) SimB   ) Não

6) Tem problemas de estacionamento na sua faculdade?

A) SimB   ) Não

7) O espaço de estacionamento é suficiente?

A)   SimB) Não

8) Existe um espaço de estacionamento diferente para veículos de 2 e de 4 rodas?

   A) SimB   ) Não

9) Existem lugares de estacionamento diferentes para funcionários e estudantes?

   A) SimB   ) Não

10) Tem problemas por causa disso?

   A) SimB   ) Não

11) Constata que os veículos não são estacionados corretamente?

   A) SimB   ) Não

12) Em caso afirmativo, em que altura se depara com este problema?
   A) De segunda a sexta-feira B) De sábado a domingo

13) Considera que o vigilante é importante no parque de estacionamento?

   A) SimB   ) Não

14) O vigilante dá-lhe instruções para estacionar os veículos?

   A) SimB   ) Não

15) Está satisfeito com o espaço atribuído ao estacionamento e com a sua utilização?

   A) SimB   ) Não

16) Estaciona corretamente o seu veículo?

   A) SimB   ) Não

17) A que horas se depara com um parque de estacionamento lotado?

A) De manhã B) De tarde C) De noite

18) Qual é a zona de estacionamento mais concorrida?

A)Porta n.º 1B   ) Porta o 3

19) Quanto tempo extra necessita para estacionar durante as horas de maior afluência?

A) 5 minutosB   ) 10 minutos

20) Pretende aumentar a área de estacionamento?

A) SimB   ) Não

21) Concorda com uma zona de estacionamento separada para funcionários e estudantes?

A) SimB   ) Não

22) Realizou algum projeto sobre questões de estacionamento?

A) SimB   ) Não

23) Gostaria de ter um "dia sem veículos" durante a semana para controlar a poluição?

A) SimB   ) Não

24) Gostaria de ter um sistema de estacionamento inteligente no instituto?

A) SimB   ) Não

25) Qual é a sua sugestão para o estacionamento no instituto?

Printed by Books on Demand GmbH, Norderstedt / Germany